Bibliografische Information der Deutschen Nationalbibliothek:

Die Deutsche Bibliothek verzeichnet diese Publikation in der Deutschen Nationalbibliografie; detaillierte bibliografische Daten sind im Internet über http://dnb.d-nb.de/ abrufbar.

Impressum:

Druck und Bindung: Books on Demand GmbH, Norderstedt Germany
ISBN: 9783668630031

Dieses Buch bei GRIN:

https://www.grin.com/document/386573

Laura Sophie Kersch, Niklas Reinhardt, Niklas Schick

Die wirtschaftliche Nutzung von Erdöl (Geographie 10. Klasse, Sekundarstufe I)

GRIN Verlag

Studienseminar Universität zu Köln
Unterrichten II

Fachseminar: Bildungswissenschaften
Referenten: Laura Sophie Kersch, Niklas Reinhardt, Niklas Schick

---

Unterrichtsentwurf

Klasse: 10. Klasse
Schulform: Gesamtschule (Sek. I)
Unterrichtsfach: Geographie

Unterrichtsthema: Die wirtschaftliche Nutzung von Erdöl

Gliederung:

1. Geographieunterricht

Der Beitrag des Geographie-Unterrichts zur Allgemeinbildung

Bildungsstandards sind für jedes Unterrichtsfach von großer Bedeutung, um die Qualität und die inhaltliche Weiterentwicklung eines Faches zu sichern. Die Standardentwicklung wird normalerweise von der Kultusministerkonferenz übernommen, was aber im Fach Geographie nicht zutrifft. Die Deutsche Gesellschaft für Geographie (DGfG) hat deshalb diese Aufgabe selbstständig zur Qualitätssicherung übernommen, aber auch, um das Fach Geographie fachpolitisch zu positionieren.

Aktuelle geographische und geowissenschaftliche Phänomene und Prozesse (wie z.B. die Globalisierung oder Flüchtlingsströme) prägen das Leben unserer heutigen Gesellschaft und damit auch das Leben der Schülerinnen und Schüler (SuS). Der Umgang mit diesen komplexen Entwicklungen erfordert Qualifikationen (Sachwissen, Urteilsfähigkeit, Problemlösungskompetenz) von den SuS, die allerdings noch erlernt werden müssen. Geographisch, aktuelle Prozesse haben Wechselwirkungen zwischen Natur und dem Menschen. Der Aufbau von naturwissenschaftlicher und gesellschaftlicher Bildung stellt das fachliche Potenzial der Geographie dar.

Das Leitziel der Geographie ist „die Einsicht in Zusammenhänge zwischen natürlichen Gegebenheiten und gesellschaftlichen Aktivitäten in verschiedenen Räumen der Erde und eine darauf aufbauende raumbezogene Handlungskompetenz“ (DGfG). Anhand dieses Beispiels wird die raumbezogene Komponente des Faches Geographie deutlich. SuS sollen durch die Geographie folgende Kenntnisse beziehungsweise Fähigkeiten erlangen:

- allgemeingeographische Kenntnisse
- regionalgeographische Kenntnisse
- Fähigkeit der räumlichen Orientierung
- Fähigkeit zum effektiven und reflektierten Umgang mit Medien
- Umweltbildung
- entwicklungspolitische Bildung und das Interkulturelle Lernen

Geographie ist ein Brückenfach zwischen naturwissen- und gesellschaftlichen Denkweisen, weshalb sich folgende Kompetenzen ergeben:

- parallel zu den naturwissenschaftlichen Fächern: „Fachwissen, Methoden, Kommunikation, Beurteilung/Bewertung"
- parallel zu den gesellschaftlichen Fächern: „Handlung"
- Alleinstellungsmerkmal: „räumliche Orientierung"

Durch diese große Anzahl an Kompetenzen, die im Geographieunterricht erlangt werden sollen, erlangen die SuS eine reflektierte, ethisch begründete und verantwortungsbewusste raumbezogene Handlungsfähigkeit (DGfG). Angestrebt ist eine Verknüpfung aller Kompetenzen der Geographie.

Durch die Verbindung von Mensch und Umwelt und durch die fortlaufende Aktualität von Themen, bietet die Geographie viele Ansätze, um den SuS realitätsnahes und raumbezogenes Fachwissen zu vermitteln. Vielmehr erlangen die SuS die Fähigkeiten, sich im eigenen Alltag besser mit der Umwelt auseinandersetzen zu können und mit aktuellen geopolitischen, geowissenschaftlichen und geographischen Themen und Prozessen umgehen zu können.

2. Konzeption der Unterrichtsreihe „Erdöl – Fluch oder Segen? Erdöl, ein Stoff für Katastrophen, Kriege und unseren Komfort."

In dieser Unterrichtsreihe sollen die SuS den Entstehungs- und Förderungsprozess des Rohstoffes Erdöl verstehen und seine Nutzung, seinen Handel und seine negativen Auswirkungen auf Ökologie, Umwelt und das soziale Leben einsehen. Sie sollen zu einer kritischen Reflexion des Rohstoffes Erdöl geführt werden und ihnen soll nahe gelegt werden, dass ein verschwenderischer Umgang mit dem endlichen Rohstoff, dessen universelle Nutzungsmöglichkeiten einzigartig sind, zukünftig zu reduzieren ist, um nachhaltig zu agieren.

Erdöl scheint zunächst wie jeder andere fossile Brennstoff negativ konnotiert zu sein. SuS in der 10. Klasse sind wahrscheinlich in mehreren Bereichen bereits in Kontakt mit diesem Rohstoff gekommen. Sei es, dass sich die Eltern über die zunehmenden Benzin- und Heizkosten ärgern, sei es, dass der/die SuS bereits im Bereich der Mobilität auf die Nutzung von Erdöl gestoßen ist oder einfach durch aktuelle Nachrichten. Das heißt, dass der Rohstoff Erdöl jedem/jeder SuS bekannt ist, aber das wirkliche Ausmaß der Erdölnutzung und der –folgen unbewusst ist.

Aufgrund der Vernachlässigung der physischen Geographie im Schulunterricht, soll der geologische Entstehungsprozess von Erdöl nur kurz angerissen werden, bevor es um die historische Entwicklung der Erdölförderung am Raumbeispiel Norwegen geht. Norwegen ist nicht nur der größte Erdöllieferant aller europäischen Mitgliedstaaten, sondern offenbart den SuS auch ein anderes technisches Verfahren der Erdölförderung als die wahrscheinlich bereits bekannten „traditionellen" Erdölförderungsverfahren in z. B. Saudi-Arabien. Auf den „Offshore Anlagen" (Bohrinseln) in der Nordsee wird Erdöl vom Grund der Nordsee aus gefördert.

Nachdem die SuS nun einen naturwissenschaftlichen Einstieg zu Erdöl erhalten haben, befassen sich die darauffolgenden Stunden zunächst einmal mit der breiten Nutzung von Erdöl, woraus den SuS die Möglichkeit des Handels mit dem Rohstoff bewusst werden sollte.

Gegen Ende der Unterrichtsreihe werden die vielschichtigen Schäden an der Ökologie und der Gesellschaft besprochen, wobei das Raumbeispiel Norwegen auch hier" im Hinblick auf die sozialen Aspekte" eine andere Entwicklung als zum Beispiel Saudi-Arabien aufzeigt. Darauf folgend sollen sich die SuS Alternativen und Perspektiven für die Zukunft im Hinblick auf Erdöl und seine Nutzung erarbeiten.

Allgemein soll den SuS also ein umfassendes Bild über einen Rohstoff der Erde vermittelt werden, mit dem sie ständig im Kontakt sind. Sie sollen zu einem bewussten und nachhaltigen eigenen Umgang mit Erdöl angeregt werden.

Im Einzelnen sind für die Unterrichtsreihe folgende Themen geplant:

1. historische Entwicklung
2. technische Verfahren
3. *wirtschaftliche Nutzung*
4. OPEC-Gesellschaft
5. Umweltschäden & gesellschaftliche Konflikte
6. Alternativen & Perspektiven für die Zukunft

Hieraus ergeben sich die (Grob-)Ziele der Unterrichtsreihe:

Die SuS sollen erkennen,

- dass Erdöl eine endliche Ressource ist
- dass die Erdölförderung durch verschiedene Förderungsverfahren möglich ist
- dass Erdöl in dem vergangenen Jahrhundert und auch derzeit einen wichtigen Teil zur wirtschaftlichen Entwicklung beigetragen hat
- dass die Erdölförderung soziale, ökonomische und ökologische Folgeerscheinungen mit sich bringt
- dass es derzeit keine vergleichbare Alternative gibt

3. Zur Planung der Unterrichtstunde

Thema der Unterrichtsstunde: Die wirtschaftliche Nutzung von Erdöl
Diese Unterrichtsstunde ist Teil des 6. Inhaltsfeld „Innerstaatliche und globale räumliche Disparitäten" des Kernlehrplans Erdkunde für die Gesamtschule (Sek. I).

Ziele der Unterrichtsstunde

a) Übergreifendes Ziel der Unterrichtsstunde:

Die Schüler sollen die wirtschaftliche Nutzung im Hinblick auf Energiegewinnung, Mobilität, Industrie und Medizin untersuchen und verstehen.

b) Teilziele der Unterrichtsstunde:

Die Schüler sollen

LZ1: den Film reflektieren und auch ihren eigenen Haushalt sowie ihre Umgebung im Hinblick auf Erdöl untersuchen.

LZ2: das ihnen zugewiesene Aufgabenblatt zunächst alleine und dann in einer Expertengruppe ausarbeiten und später vorstellen können.

LZ3: die universelle Nutzung von Erdöl in unserem Alltag verstehen.

LZ4: mithilfe einer vorgefertigten Folie des Lehrers zu zweit ihre Ergebnisse vortragen.

LZ5: mithilfe der ausgeteilten Hausaufgabe die Ergebnisse der Unterrichtsstunde sichern.

Lernvoraussetzungen

Um den wirtschaftlichen Nutzen von Erdöl verstehen zu können, müssen in den vorherigen Unterrichtsstunden folgende Erkenntnisse gesammelt worden sein:

Sie wissen,

- seit wann Erdöl gefördert wird
- wie Erdöl gefördert wird
- wo Erdöl zu finden ist
- den groben Entstehungsprozess von Erdöl

4. Geplanter Unterrichtsverlaufsplan

Organisatorisches/Kommentar	Geplante Lehrtätigkeit	Erwartetes Schülerverhalten
1. Problemstellung Erdöl – Fluch oder Segen? „Erdöl, ein Stoff für Katastrophen, Kriege und unseren Komfort? Unterrichtsgespräch	L. schreibt an die Tafel: „Erdöl, ein Stoff für Katastrophen, Kriege und unseren Komfort?“	SuS verfügen über Grundwissen zum Thema Erdöl, erkennen aber noch nicht die weitreichenden Folgen für die Zukunft.
2. Medieneinsatz Kurzfilm: Welt ohne Öl Dauer: 2 min.	L. zeigt den Kurzfilm „Welt ohne Öl“ den SuS, um seinen Unterricht möglichst realitätsnah und anschaulich zu gestalten.	

LZ 1 LZ 2		Bei den SuS muss das Bewusstsein für ihren alltäglichen Verbrauch geweckt werden. SuS sollen die Kausalzusammenhänge zwischen ihren Lebensstilen und Erdöl verstehen.
3. Erarbeitung Arbeitsblatt Einzelarbeit LZ 3	Nach der medialen Einführung und der darauf folgenden Reflexion des Films werden die SuS in vier Gruppen eingeteilt, wobei jede Gruppe eines der folgenden Themen zugewiesen bekommt: Energiegewinnung, Mobilität, Industrie und Medizin. L. teilt den SuS ihr jeweiliges Arbeitsblatt aus. Es gilt für jede der vier Gruppen jeweils ein Arbeitsblatt zu lösen.	SuS gehen dem Arbeitsauftrag nach. SuS bearbeiten das ihnen zugewiesene Aufgabenblatt (Energiegewinnung, Mobilität, Industrie und Medizin) zunächst alleine, um dann in einer Expertengruppe die Vorstellung ihrer Ergebnisse vorzubereiten.
4. Vertiefung	L. fordert SuS auf, dass sie in den jeweiligen Gruppen die Schwerpunkte des eigenen Themas festlegen.	SuS legen eigenständig ihren Schwerpunkt in der Gruppe fest.
5. Präsentation Gruppenarbeit Folie LZ 4 Unterrichtsgespräch	L. fordert SuS auf, ihre Lösungen vorzustellen. L. kommentiert und ergänzt Vorträge der SuS.	Zwei Schüler aus der jeweiligen Gruppe kommen vor die Klasse und erläutern mithilfe einer vorgefertigten Folie des Lehrers ihre Lösungen. Mitschüler verbessern ggf. die vorgeschlagenen Lösungen.

6. Hausaufgabe Mindmap LZ 5	L. stellt Hausaufgabe: SuS sollen anhand einer Mindmap ihr Wissen über die wirtschaftliche Nutzung von Erdöl nochmals Zuhause abrufen. Jede Farbe (grün, orange, gelb und rot) steht für einen Bereich (Energiegewinnung, Mobilität, Industrie und Medizin). In der nächsten Stunde wird die Hausaufgabe mit den SuS besprochen.	SuS sichern mit der ausgeteilten Hausaufgabe die Ergebnisse der Unterrichtsstunde.

4.1 Differenzierungen im Geographieunterricht

Die Lehrperson differenziert das Vorgehen im Unterricht zentral, indem wie folgt differenziert wird:

- Differenzierung über unterschiedliche Themen und Schwierigkeitsgrade
  [Die SuS werden in vier verschiedene Bereiche der wirtschaftlichen Nutzung von Erdöl eingeteilt, wobei die Arbeitsblätter „Energiegewinnung" und „chemische Industrie" den fachlich besseren SuS zugeteilt werden sollten. Am Ende der Unterrichtsstunde werden die Resultate aber zusammengeführt, sodass jede/ jeder SuS über jedes der vier Themen informiert ist]
- Differenzierung über das Angebot verschiedener Lernhilfen
  [Auf den Arbeitsblättern sind Tipps und Definitionen angegeben]
- Differenzierung über Niveau und Art der Aufgabenstellung
  [In den Aufgaben auf den Arbeitsblättern werden diese unterschiedlichen Anforderungsbereiche abgedeckt:
  I: Reproduktion (nennen, beschreiben etc.)
  II: Reorganisation (analysiere, etc.)
  III. Problemlösend (beurteile, etc.)

Diese unterschiedlichen Operatoren befinden sich auf jedem Arbeitsblatt. Der Aufbau der drei Fragen bereitet die SuS auf die kommende Oberstufe vor, da dort die Klausuren in der Geographie gleichermaßen aufgestellt sind.]

- Differenzierung nach Tempo und Anzahl der zu lösenden Aufgaben
  [Aufgabe 3 ist bewusst als Transferaufgabe ausgelegt, da es durchaus möglich ist, dass einige SuS in der vorgegeben Zeit diese nicht bewältigen können. Durch die Zusammenführung der eigenen Ergebnisse in der Expertengruppe erlangen diese SuS dann aber doch das gewünschte Ergebnis der dritten Aufgabe.]

- Differenzierung nach Lernstilen
  [verbal-sprachlicher, logisch-mathematischer, visuell-räumlicher und physisch-kinästhetischer Lernstil]
- Binnendifferenzierung nach gestaffelten Aufgaben und Ergebnissen
  [Nicht jeder/jede SuS wird alle Aufgaben des eigenen Arbeitsblattes bearbeiten können, was durch die Zusammenführung in der Expertenaufgabe aber nicht problematisch ist. Das Ergebnis der Unterrichtsstunde ist durch die selbstständige Zusammenfassung der vier Bereiche als Hausaufgabe individuell und kreativ ausgelegt.]

5. Exemplarizität

Die wirtschaftliche Nutzung von Erdöl soll bei den SuS das Bewusstsein dafür wecken, dass Erdöl seit einem Jahrhundert nicht mehr wegzudenken ist. Gleichzeitig sollte den SuS aber auch in dieser, sowie in den folgenden Stunden verdeutlich werden, dass diese Ressource, mit der wir seit vielen Jahren verschwenderisch umgehen, endlich ist. Die SuS sollen am Ende der Unterrichtsreihe ihren eigenen Haushalt, ihre Umwelt und ihren Lebensstil im Hinblick auf Erdöl hinterfragen.

Damit sich dieses Gedankengut bei den Schülern entwickeln kann, muss man sie vorher mit Positiv- und Negativfällen von der Nutzung von Erdöl konfrontieren, wo dementsprechend positive/negative Entwicklungen von der jeweiligen Gesellschaft als auch der Umwelt aufzufinden sind.

In dieser Unterrichtsstunde werden exemplarisch die vielen Vorteile von Erdöl in der universellen Anwendung in den verschiedensten Bereichen dargelegt, bevor in den

kommenden Stunden die möglichen negativen Auswirkungen auf die soziale, ökonomische und ökologische Umwelt erläutert werden.
Das Raumbeispiel Norwegen wurde gewählt, weil die Schüler zunächst einmal aufgrund der geographischen Nähe eine größere Verbindung zu Norwegen als zum Beispiel zu Saudi-Arabien oder den USA haben. Zweitens verbindet man die Vereinigten Staaten von Amerika sowie Saudi-Arabien eher mit Erdöl als Norwegen. Deshalb möchten wir den Schülerinnen und Schülern die innovativen und ertragreichen Methoden zur Erdölförderung von Norwegen näherbringen. Dazu gehört dann auch die technische Vorgehensweise der Erdölförderung, die sich von denen der USA und Saudi-Arabiens unterscheidet. Dies geschieht alles in der Hoffnung, dass das Raumbeispiel Norwegen größeres Interesse bei den Schülern weckt.
Abschließend ist Norwegen eines von sehr wenigen guten Beispielen dafür, dass die Erlöse aus der Ressource Erdöl positiv auf die ökomische, ökologische und soziale Entwicklung wirken. Norwegen fördert nachhaltige Mengen Erdöl, setzt mobile Bohrungsinseln ein, die nicht das gesamte Landschaftsbild zerstören, nachdem eine Quelle erschöpft ist. Die Erlöse aus dem Export von Erdöl dienen zum großen Teil als Investition für die Forschung an erneuerbaren Energien. In diesem Punkt sind sie dem Rest Europas so weit voraus, dass Norwegen heutzutage schon kein Erdöl zur Energiegewinnung verbrennen muss und fast 90 Prozent der Energie aus Wasserkraft entsteht. Der Rest aus den Gewinnen wird in die Sozialkassen und Rentenkassen gesteckt. Norwegen zählt heute zu den Ländern in denen nahezu keine Arbeitslosigkeit oder Rentenarmut herrscht. Betrachtet man im Vergleich Saudi-Arabien oder die USA, erkennt man dort die Entstehung und Ausdehnung von Kluften zwischen Armut und Reichtum, da in diesen Saaten von der Erdölförderung nur die ohnehin schon Mächtigen und Starken profitieren.

6. Gegenwarts- und Zukunftsbedeutung

Erdöl ist der derzeit wichtigste Rohstoff der modernen Industriegesellschaften, der zur Erzeugung von Treibstoffen und für die chemische Industrie von herausragender wirtschaftlicher Bedeutung ist. Er ist zum Einen elementar zur Erzeugung von Elektrizität sowie zur Produktion von Treibstoff fast aller Verkehrs- und Transportmittel, als auch in der chemischen Industrie zur Herstellung von Kunststoffen und anderer chemischer Produkte wie zum Beispiel von Salben und Medikamenten. Aus diesen Gründen wird es auch "Schwarzes Gold" genannt.

Aufgrund der vielfältigen Anwendungsbereiche des zentralen Rohstoffes ist Erdöl auch Gegenstand der Spekulation an allen wichtigen Börsen.
Öl wird selbst in langfristigen Warentermingeschäften (Ölkontrakte) gehandelt. Weltweit hat der Handel von Erdöl eine so große Bedeutung, dass Behörden benötigt werden, die Verhindern, dass Ölkartelle keine Preisabsprachen tätigen und dadurch die Ölpreise in die Höhe treiben. Denn der globale Erdölpreis beeinflusst die allgemeinen Börsenkurse, weil in fast allen wirtschaftlichen Branchen eine Abhängigkeit vom Ölpreis besteht. Dies konnte man schon beim Börsencrash im Jahre 1973 feststellen. Dieser resultierte aus den rasant steigenden Ölpreisen und dem Abdrehen der Ölpipelines, weil die Staaten die Preisforderungen nicht einhalten konnten, und sorgte dafür, dass der komplette Wirtschaftssektor in seiner Entwicklung still stand und in sich zusammenbrach.

Im Bezug zur Gegenwart lässt sich zusammenfassend sagen, dass Erdöl für viele Staaten der EU primärer Energieträger ist. Erdöl ist ein endlicher Rohstoff. Druck aus den auflastenden Erdschichten sorgt dafür das Erdölaufkommen verdrängt werden. Ohne Erdöl wäre der Personenverkehr heutzutage stark eingeschränkt. Die Preisentwicklung von Öl hat Auswirkungen auf nahezu alle wirtschaftlichen Sektoren, weshalb es wichtig ist, dass Behörden Preisanalysen durchführen, um stabile Entwicklungen der Kurse an den Börsen zu ermöglichen. Erdöl ist in unserem Alltag allgegenwärtig. Ohne eine Gesellschaft, die ein Bewusstsein für Natur- und Umwelt hat, sowie darin geübt ist sparsam mit Ressourcen umzugehen und die Erlöse für innovative Zwecke und zum Wohl der Gesamtheit zu verwenden, werden wir nicht lange von den positiven Verwendungsmöglichkeiten profitieren, unseren Planeten in fortschreitendem Maße zerstören und, wenn die Ressource erschöpft ist, keine Alternative gefunden haben.
Deswegen ist es in Zukunft für uns von Bedeutung auf erneuerbare Energien umzuschwenken, dadurch Erdöl als primären Energieträger zu verdrängen und alternative Ressourcen sinnvoll zu nutzen, damit Öl in Zukunft nicht als Druckmittel dient und die Macht eines Staates nur durch den Besitz steigt.

Die Schüler sollen erkennen, dass Erdölprodukte in sehr vielen Bereichen des täglichen Lebens Verwendung finden und wir uns eigenhändig in eine große Abhängigkeit manövriert haben, aus welcher wir uns wieder befreien müssen.

Durch das Raumbeispiel Norwegens soll allen Schülern bewusst werden, wie wichtig ein verantwortungsbewusster und sparsamer Umgang mit Rohstoffen ist und die Gewinnung und Nutzung natürlicher Rohstoffe nicht dazu führen darf, dass Schäden an der Umwelt entstehen.

7. Sachstruktur

Die Unterrichtsstunden können im Blick auf die Sachstruktur des gestellten Themas gegliedert werden. Dabei soll der Unterrichtsprozess so gegliedert werden, dass er für Lehrer und Schüler einen einsichtigen, nachvollziehbaren Aufbau erhält. Um die Angemessenheit des methodischen Ganges einer Unterrichtsstunde beurteilen zu können, müssen die aus der Sachstruktur der gestellten Lernaufgabe erwachsenden Ansprüche, die damit verknüpften Lehrziele des Lehrers und die Handlungsziele der Schüler „auf einen Nenner" gebracht werden.

Bei den SuS soll das Verständnis dafür entwickelt werden, dass Erdöl seit mehreren Jahrzehnten unseren Alltag bestimmt. Die wirtschaftliche Entwicklung wäre ohne Erdöl in dem Maße, wie sie stattgefunden hat, nicht realistisch gewesen. Die SuS sollen begreifen, dass Erdöl nicht nur zum Heizen oder zur Energiegewinnung benötigt wird, sondern auch unsere vielseitige Mobilität heutzutage ermöglicht. Bereits beim Aufwachen und dem Weg zur Schule wird Erdöl in gewissen Maßen verbraucht. Im Laufe des Tages summiert sich das, sodass jeder einzelne täglich mehrere Liter Erdöl verbraucht. Bei den Schülern muss das Bewusstsein für ihren alltäglichen Verbrauch geweckt werden. Wo befindet sich überall Erdöl drinnen? In der Kleidung, in der Butterbrotdose, in der Trinkflasche, [...].

Es gibt aber auch noch andere Bereiche, in denen Erdöl eine wichtige Rolle spielt. Auf den Bereich Medizin werden die SuS wahrscheinlich nicht auf Anhieb kommen, sodass die Lehrperson nach der Reflektion des Filmes durch die SuS auf den Bereich hinweisen muss, bevor die Gruppen eingeteilt werden. Die SuS sollen die Kausalzusammenhänge zwischen ihrem Lebensstilen und Erdöl verstehen. Dafür bietet der Winter gut Ansätze, um seinen Alltag zu hinterfragen:

Wenn ich es zu Hause im Winter warm haben will, dann muss ich die Heizung anmachen und verbrauche entweder Erdgas oder Erdöl. Wenn ich mich warm anziehe im Winter, enthält mindestens ein Kleidungsstück Erdöl. Wenn ich lieber mit dem Auto als mit dem Fahrrad im Winter fahre, dann verbrauche ich Erdöl. Wenn ich im Winter unter einer Erkältung leide, dann steckt in 90 Prozent der Medikamente Erdöl.

All diese Erkenntnisse sollen sich bei den SuS im Laufe der Doppelstunde entwickeln. Nach der medialen Einführung durch den Kurzfilm und der darauf folgenden Reflektion des Films, werden die SuS in vier Gruppen eingeteilt, wobei jede Gruppe eines der folgenden Themen zugewiesen bekommt: Energiegewinnung (z.B. Heizen), Mobilität, Industrie, Medizin. Im Folgenden sollen die SuS sich zunächst ihr spezifisches Thema in Einzelarbeit erarbeiten und sich dann in der Expertengruppe versammeln. Dabei sollten alle Unklarheiten zu den eigenen Themen geklärt werden und die Aufgaben gelöst werden. Bevor die Ergebnisse präsentiert werden, sollten die Schwerpunkte des eigenen Themas in den jeweiligen Gruppen festgelegt werden. Nach der Präsentation sollte jeder SuS über alle vier Bereiche informiert sein und einen guten Überblick über die wirtschaftliche Nutzung von Erdöl haben.
Zur Absicherung und Überprüfung der gewonnenen Einsichten bekommen die Schüler eine Hausaufgabe in Form einer Mindmap mit nach Hause. In der Mindmap wird das Thema: Die wirtschaftliche Nutzung von Erdöl nochmals aufgegriffen. Jede Farbe (grün, orange, gelb und rot) steht jeweils für einen Bereich (Energiegewinnung, Mobilität, Industrie und Medizin). Die SuS sollen in jedem Kreis stichpunktartig ihr Wissen aufschreiben und mit ihrem Alltag verknüpfen, um im nächsten Schritt zu jedem Bereich drei Fragen zu beantworten:

1. Wie sieht der aktuelle Stand aus?
2. Wie entwickelt es sich weiterhin?
3. Was lerne ich für meinen alltäglichen Gebrauch?

In der nächsten Stunde wird die Hausaufgabe im Unterrichtsgespräch besprochen.

8. Zugänglichkeit und Medieneinsatz

Das Thema „Erdöl“ ist aufgrund der jahrelangen Diskussion über diese Ressource von besonderer Bedeutung für den Geographieunterricht. Hierbei sollte es allerdings weniger auf die geologischen Kenntnisse zu Erdöl als vielmehr um den Handel, die Nutzung, die Schäden und Alternativen gehen. Die SuS sind sicherlich schon mal durch ihre Eltern oder Nachrichten in Kontakt mit diesem aktuellen Thema gekommen. Sei es, dass die Eltern sich vor den SuS über die steigenden Benzinpreise oder Heizkosten geärgert haben oder, dass die SuS durch die Nachrichten von steigenden / sinkenden Aktienkursen aufgrund von sinkenden / steigenden Erdölpreisen, oder von Umweltschäden durch Erdöl erfahren haben. Dennoch besteht die Schwierigkeit, auch für die Lehrperson darin, mit einer gewissen Objektivität an das Thema „Erdöl“ heranzugehen. Denn leider wird Erdöl nicht nachhaltig verwendet. 90 Prozent werden

zur Energiegewinnung verbrannt, die Umwelt wird zerstört und gesellschaftlich weiten sich Disparitäten weiter aus, als dass sie aufgehoben werden.
Der Medieneinsatz durch einen kurzen Film zu Beginn der Unterrichtsstunde bietet sich deshalb an, weil die SuS dadurch innerhalb weniger Minuten einen neutralen Einstieg ohne positive und negative Wertungen zu den unterschiedlichen Nutzungsmöglichkeiten von Erdöl erhalten und sich gleichzeitig bei ihnen die Frage aufwirft, wo und welche Mengen an Erdöl sie überall im Alltag verbrauchen.

Gegen Ende der Stunde erhält jede Gruppe eine von dem Lehrer angefertigte Folie zu den Schwerpunkten jeder Thematik, also Energiegewinnung, Mobilität, chemische Industrie und Medizin. Diese werden dann von den Schülern jeweils einer Gruppe vorgestellt. Aus der Summe aller Schwerpunkte der Gruppen für jeden der vier Bereiche, erstellen die SuS als Hausaufgabe eine Mind-Map, in welcher die Schüler zu gezielten, jedoch offenen, Fragen eintragen sollen, was ihnen in der Stunde zur wirtschaftlichen Nutzung von Erdöl in Erinnerung geblieben ist. Bei dieser Hausaufgabe bekommen alle Schüler, egal ob leistungsschwächere oder - stärkere die Möglichkeit für sich selbst das gelernte zu reproduzieren und in Beziehung zueinander zu bringen.
Die alleinige Mind-Map jedes einzelnen Schülers bildet das Fundament für die finale Absicherung des Gelernten aller Schüler. Entscheidend bei dieser Hausaufgabe ist, dass schlussendlich im gesamten Klassenverbund ein finales Schaubild erstellt wird, sodass jeder Schüler/jede Schülerin am Ende des Blocks einen Gesamtüberblick über Erdöl visuell vor Augen hat mit dem er / sie arbeiten kann.

9. Quellenverzeichnis

DGfG, 2006. Bildungsstandards im Fach Geographie für den Mittleren Schulabschluss. http://www2.klett.de/sixcms/media.php/82/geographie_bildungsstandards.pdf, 2017-01-29.

Meyer, H., 1987, Unterrichtsmethoden: Praxisband, Bd. 1, Berlin.

Plöger, W., 2008. Unterrichtsplanung. Ein Lehr- und Arbeitsbuch für Studium und Seminar. Kölner Studien Verlag, Köln.

Reuschenbach, M., 2006. Individualisierung im Geographieunterricht. Geographie-Heute.

Verband der chemischen Industrie, 2016. https://www.vci.de/vci/downloads-vci/top-thema/daten-fakten-rohstoffbasis-der-chemischen-industrie-de.pdf, 2017-02.04.